U0052324

Cookies
Muffins
Pound Cakes
For
Gifts

Cookies
Muffins
Pound Cakes
For
Gifts

Cookies
Muffins
Pound Cakes
For
Gifts

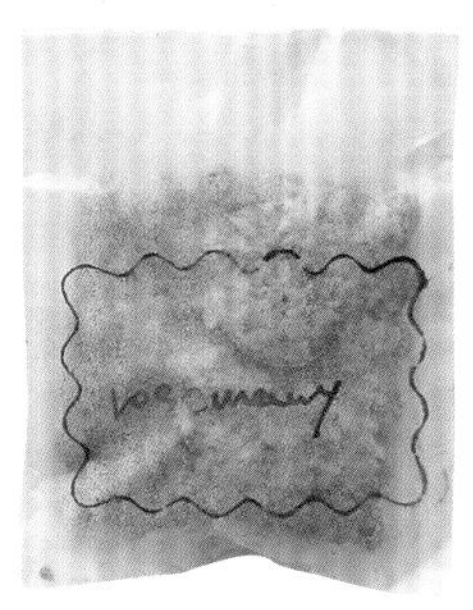

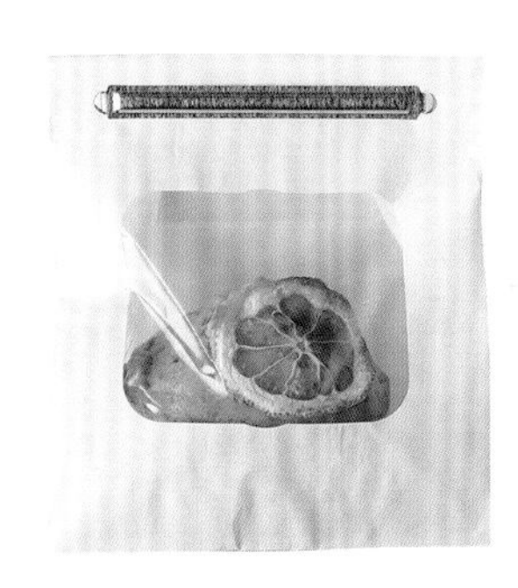

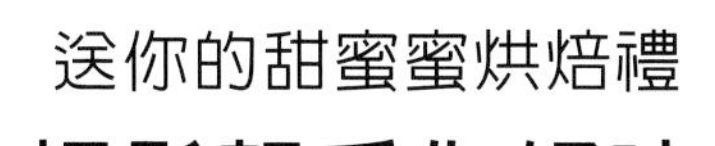

送你的甜蜜蜜烘焙禮

輕鬆親手作好味
餅乾・馬芬・磅蛋糕

坂田 阿希子◎著

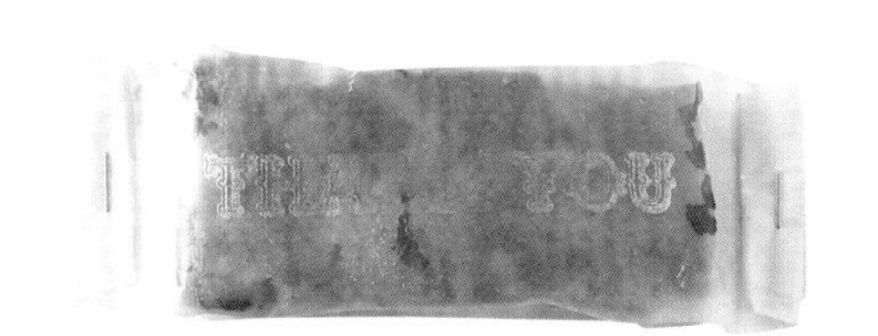

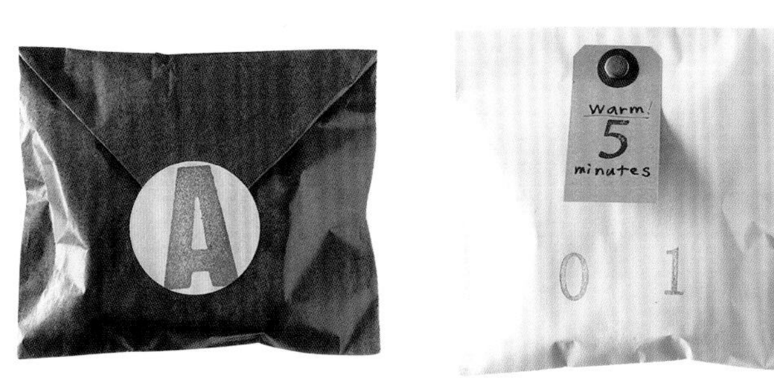

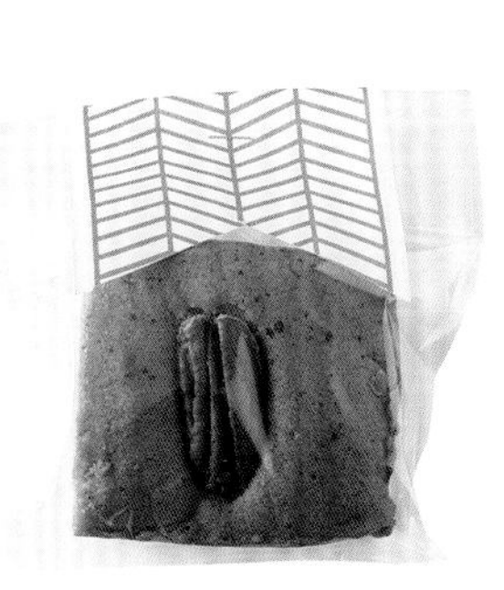

Introduction

我還是小學生時，曾經偷偷地將初次烤的餅乾帶到學校，
分給鄰座的朋友，他因此開心到讓我嚇一跳。
那天午餐時間，有一位似乎在觀察我們的男生，
將抹麵包用的小塊奶油遞給我，並說了：「我想跟你交換餅乾！」
然後其他小朋友也聚了過來，以奶油交換餅乾。
就這樣包著銀紙、一塊8g的小奶油很快地變成了80g。
隔天，我以這些奶油再度烤了餅乾跟大家分享，獲得好評。
接下來有一段時間，我每天使用交換來的營養午餐奶油烘烤餅乾。
這段回憶充滿了初次製作手工甜點的喜悅，及與人分享的快樂。

甜點可以是一項別出心裁的禮物。
可愛的烤點心亦是如此。
一邊思考對方的喜好，一邊因應季節變換味道和水果，
而在包裝上盡情地展現自我風格，也是手工甜點禮物的樂趣。

烤點心只需要奶油、蛋、砂糖和麵粉等四樣基本材料。
備妥這四種材料，就能變化出各種風貌的烤點心。
本書中介紹了餅乾、馬芬、磅蛋糕和方塊蛋糕，
材料和食譜雖略有不同，但是基本作法大同小異，
只要一個調理盆中混合材料就可以輕鬆完成，
是初學者也能挑戰的零失敗食譜。
只要依照書中的步驟反覆製作就能漸漸抓住訣竅，
一起享受製作樂趣吧！

希望您也能在本書中找到想送給某個人的小點心。

── 坂田阿希子

MERCI
Cookies
Muffins
Pound Cakes
For
Gifts

Contents

Ⓘ Cookies 06

Ⓘ Muffins 32

Ⅲ Pound Cakes 48

Ⅳ Stick & Square Cakes 68

Column

【關於本書】
※1大匙是15ml，1小匙是5ml。※烤箱溫度、烘烤時間依照機型不同，會產生差異。請參考書中記載的時間，視情況調整。※食譜中的檸檬使用的是無打蠟的天然檸檬。

Cookies

Delicious Baked Gifts

酥酥脆脆的口感加上奶油風味，也可以巧克力的甜味、堅果的香氣、香草或香料提味，口味千變萬化，是最適合一次大量製作，送給許多人的烤點心。取幾片放入小餅乾盒，就是一樣令人開心的贈禮。

Message Cookies

Basic Cut-out Cookies

基礎壓模餅乾

在酥脆口感之中，帶有香濃奶油滋味的樸實餅乾。只要掌握基礎作法，以手邊現有的餅乾模就可以輕鬆製作！

Message Cookies

留言餅乾

只壓出形狀的單純感雖然也不錯，
但藉由蓋上餅乾印章，更能夠傳遞心意。

材料（直徑5cm的圓模25至30片份）

無鹽奶油（發酵奶油尤佳）…100g
低筋麵粉…200g
黍砂糖…90g
蛋黃…1個
鹽…1小撮
香草油…少許
水…1/2小匙

準備

- 將奶油置於常溫中軟化。
- 過篩低筋麵粉。
- 烤盤鋪上烘焙紙。
- 烤箱預熱至180℃。

作法

1. 以橡皮刮刀將奶油攪拌至霜狀。
2. 加入黍砂糖，以打蛋器摩擦攪拌至蓬鬆泛白，飽含空氣的狀態。
3. 加入蛋黃攪拌，再放入鹽、香草油和水混合。
4. 倒入過篩好的低筋麵粉。
5. 以橡皮刮刀攪拌所有材料。將麵團以下壓至調理盆邊緣的方式拌合，再以手迅速聚合成團。
6. 包上保鮮膜，放入冰箱靜置2小時以上。
7. 放置於撒了手粉的工作檯上，分成4等分，輕輕揉捏成容易擀開的硬度後，再次聚合麵團，擀成5mm的厚度。
8. 以喜歡的餅乾模一邊沾上低筋麵粉（份量外）一邊壓型後，排列在烤盤上。
9. 蓋印餅乾用印章，放入烤箱烤10至15分鐘。放置於網架上，乾燥至酥脆即可。

1
2
3
4
5
6
7
8
9

Icing Cookies

糖霜餅乾

只需描邊或增添色彩，就能展現獨特感的糖霜餅乾。
以下介紹以容易取得的材料，製作出可替餅乾加分的糖霜。

基礎糖霜餅乾

1

2

3

材料（容易製作的份量）

糖粉…100g
檸檬汁…1大匙
水…1小匙

作法

1 製作擠花袋。將烤盤紙剪成正方形後，裁切對角線。三角形底邊朝下，抓住底邊正中央，從邊緣捲起成圓錐狀。最後摺入邊緣內外側固定。
2 將所有材料放入調理盆中，以打蛋器混合至提起打蛋器會緩緩低落的濃稠度。若太稀就添加糖粉；太濃稠則加入少許水分調整。
3 將步驟**2**倒入步驟**1**，剪開前端一小段擠出糖霜。

Spice Cookies

香料餅乾

在基本麵團中加入少許香料。丁香、肉豆蔻、小豆蔻等也很合適。
只要改變形狀，感覺也會隨著改變。

材料（直徑8cm的花形模12至15個份）

基礎壓模餅乾麵團材料（參照P.8）…全部
肉桂粉、薑粉…各1/2小匙
基礎糖霜（參照上記）…全量

作法

1 以製作「基礎壓模餅乾」（參照P.8）的方式進行準備。在步驟4中加入肉桂粉和薑粉混合，不蓋上餅乾用印章，以相同方式烘烤。
2 降溫後，再以糖霜描邊即可。

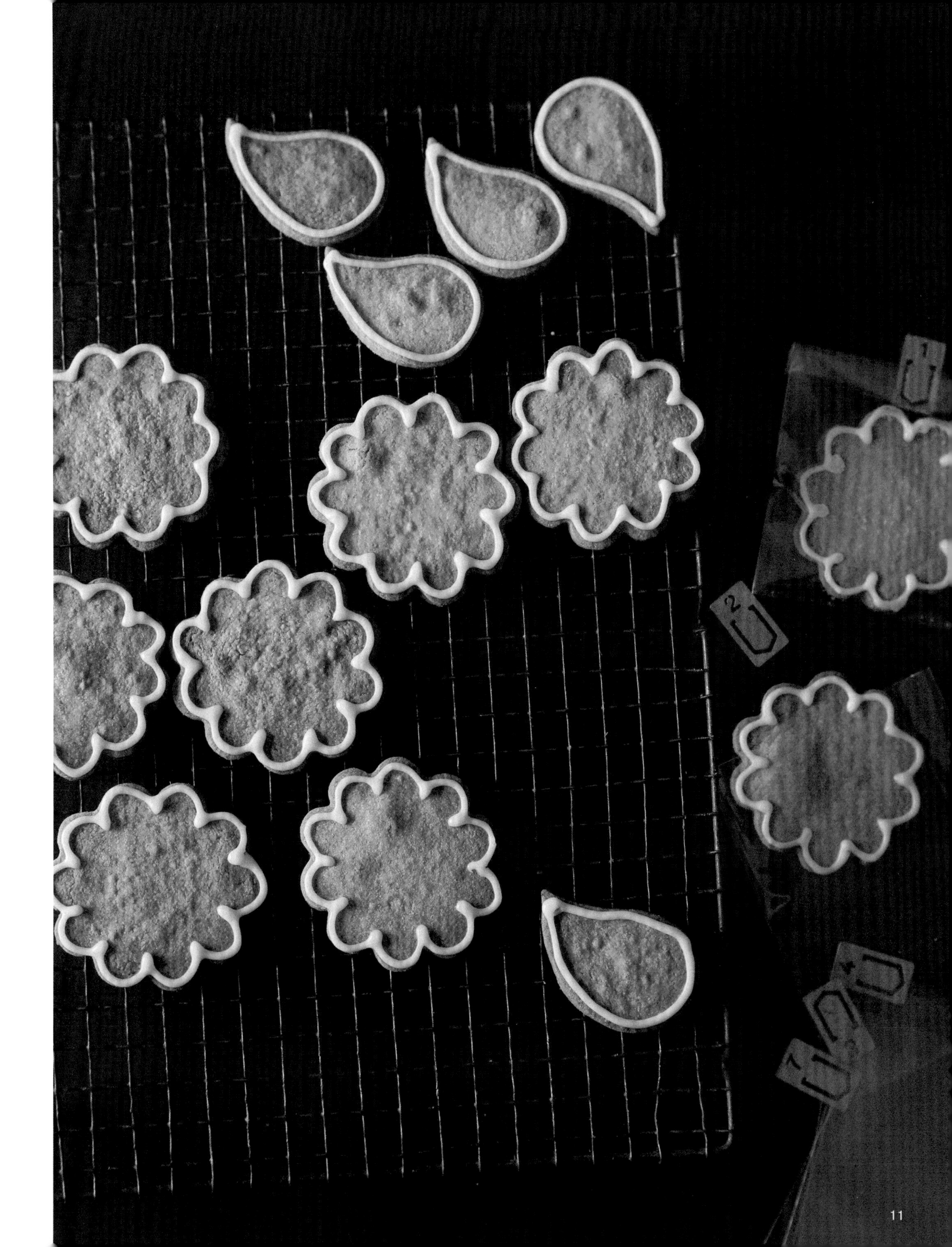

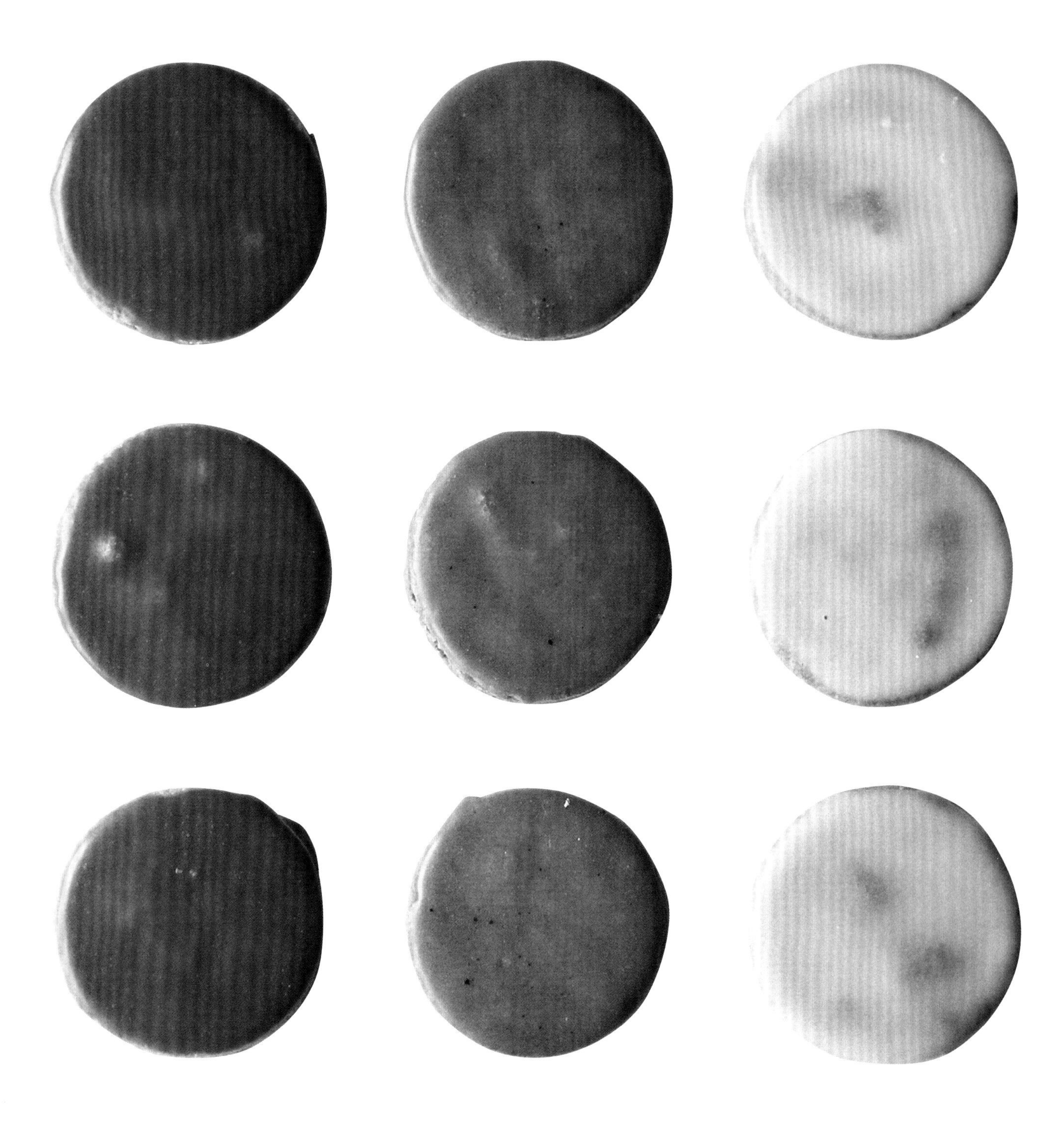

Three-color Icing Cookies

三色糖霜餅乾

以可可或抹茶風味作出稍具變化的美味。
由於不容易受潮，也很容易保存。

材料（直徑5cm圓模，白色、咖啡色、綠色各3片份，糖霜為容易製作的份量）

基礎糖霜（參照P.10）…1次份
糖粉…100g
檸檬汁…1小匙
水…1大匙
可可粉…1/2小匙
抹茶…1/2小匙
基礎壓模餅乾（參照P.8）…9片
※無需蓋上餅乾用印章

作法

1 白色糖霜是在「基礎糖霜」步驟**2**中，慢慢加水至可以刷子塗抹的濃度。
2 咖啡色和綠色糖霜是在調理盆中放入糖粉、檸檬汁、水，以打蛋器混合。各取一半，分別加入可可粉和過篩的抹茶攪拌。
3 餅乾降溫後，以刷子塗上步驟**1**和步驟**2**。

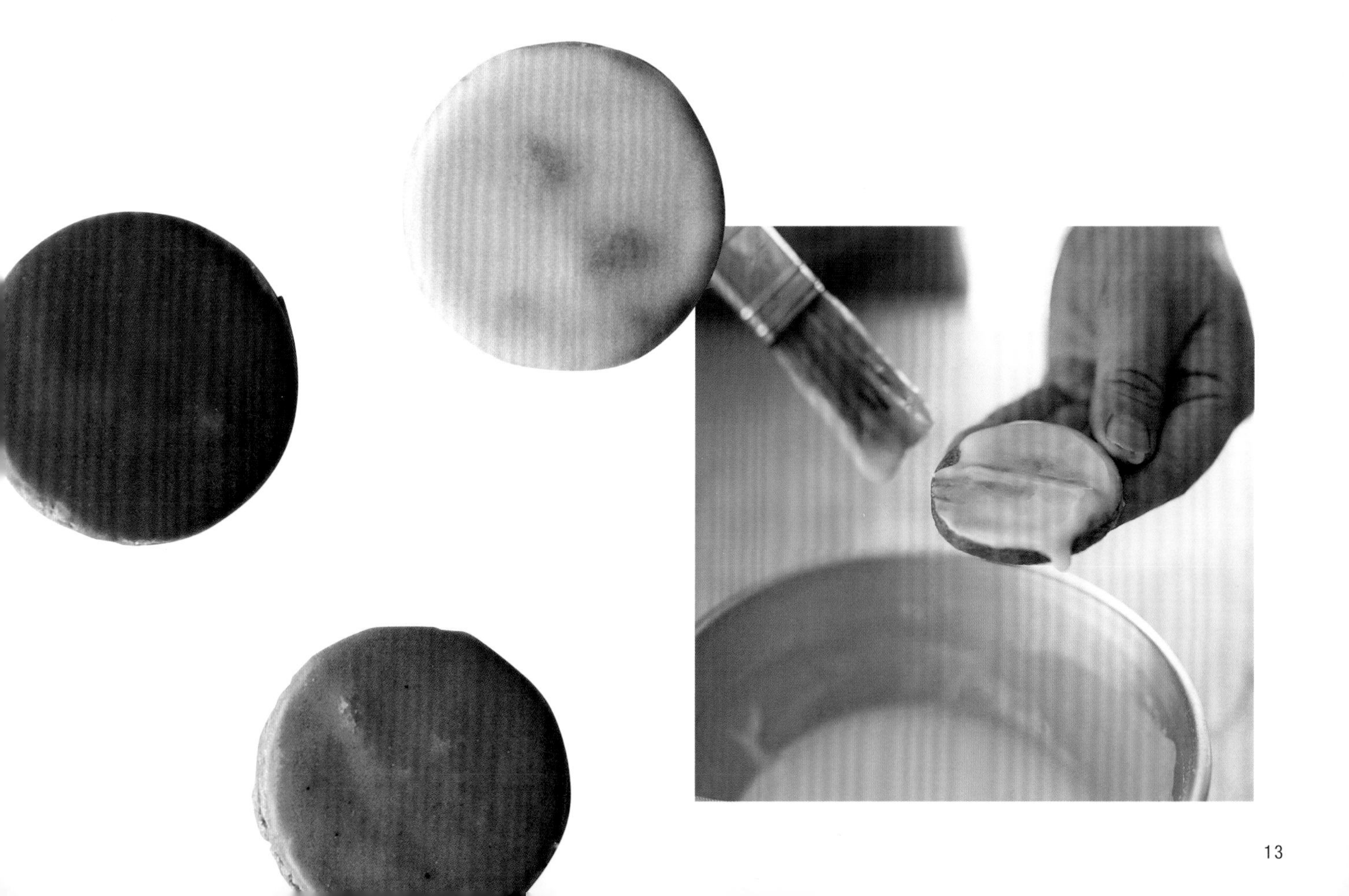

Icebox Cookies

冰箱餅乾

無需「擀平」、「以餅乾模壓出形狀」等步驟，非常推薦初學者製作。可直接以棒狀型態冷凍保存，十分便利。

Sugar Cookies

糖粒餅乾

加入大量奶油，風味極佳的餅乾。
餅乾的酥脆和細砂糖的顆粒感是絕配！

材料（約40片份）

無鹽奶油（發酵奶油尤佳）…150g
低筋麵粉…220g
糖粉…90g
蛋黃…1個
香草油…3至4滴
精製細砂糖…適量

作法

1 以製作「基礎壓模餅乾」（參照P.8）的方式進行準備。以橡皮刮刀將奶油攪拌至霜狀，再加入糖粉以打蛋器攪拌。添加蛋黃混合後，滴入香草油拌勻。
2 倒入過篩好的低筋麵粉，以橡皮刮刀混合，並聚合成團。
3 放置在撒上手粉的工作檯，一邊滾成棒狀，一邊聚合成團。以烘焙紙緊貼捲起後，再以保鮮膜包覆整體，放入冰箱靜置2小時以上。
4 以刷子在周圍刷上水，一邊滾動，一邊沾裹上精製細砂糖。切成1m厚，排列在烤盤上，放入烤箱烤10至15分鐘。放置在網架上，乾燥至酥脆即可。

Cereal Cookies

穀片餅乾

玉米片和杏仁的香氣與口感，
也很受到男性朋友們的歡迎。

材料（約40片份）

無鹽奶油（發酵奶油尤佳）…150g
低筋麵粉…220g
糖粉…90g
蛋黃…1個
香草油…3至4滴
玉米片…40g
杏仁片…50g

作法

1 以製作「糖粒餅乾」（參照左記）步驟**1**的方式製作。
2 加入過篩好的低筋麵粉、玉米片、杏仁片後混合，並聚合成團。
3 放置在撒上手粉的工作檯，一邊滾成棒狀，一邊聚合成團。以烘焙紙緊貼捲起後，再以保鮮膜包覆整體，放入冰箱靜置2小時以上。
4 切成1cm厚，排列在烤盤上，放入烤箱烤10至15分鐘。放置在網架上，乾燥至酥脆即可。

Drop Cookies

美式軟餅乾

這種大尺寸、討人喜歡的餅乾，是將材料混合後，以湯匙舀落烘烤而成的美式風格餅乾。由於不使用擀麵棍，也無須靜置麵團的時間，想要製作就能立刻動手！

Chocolate Chunk Cookies

Oatmeal Raisin Cookies

Chocolate Chunk Cookies

巧克力碎片餅乾

加入一塊塊的巧克力，並以少許肉桂提味。
除了當作禮物之外，也很適合當成早餐。

材料（20至25片份）

（基礎美式軟餅乾麵團）
無鹽奶油…120g
低筋麵粉…90g
高筋麵粉…60g
食用級小蘇打粉…1/4小匙
肉桂粉…1/4小匙
紅糖…60g
精製細砂糖…30g
蛋…1個
香草油…3至4滴
鹽…1撮
烘焙用巧克力（苦甜巧克力）…180g

準備

- 將奶油置於常溫中軟化。
- 混合過篩粉類。
- 巧克力切成粗粒狀。
- 烤盤鋪上烘焙紙。
- 烤箱預熱至170℃。

作法

1. 以橡皮刮刀將奶油攪拌至霜狀，加入紅糖和精製細砂糖，以打蛋器摩擦攪拌至蓬鬆泛白，飽含空氣的狀態。
2. 將充分打散的蛋液慢慢加入混合，再加入香草油和鹽拌勻。倒入過篩後的粉類，以橡皮刮刀大圈攪拌後，最後拌入巧克力。
3. 以湯匙取約每片1大匙的麵團，間隔10cm舀落在烤盤上。以沾濕的湯匙背面壓平成圓形，再放入烤箱烤12至13分鐘。放置在網架上，乾燥至酥脆。

Chocolate Walnut Cookies

巧克力核桃餅乾

是在可可風味的餅乾體中加入了巧克力和核桃的雙重巧克力餅乾。
以核桃增加口感。

材料（20至25片份）

基礎美式軟餅乾麵團的材料（參照上記）…全部
※使用低筋麵粉80g、高筋麵粉50g，再增加20g可可粉。
烘焙用巧克力（苦甜巧克力）…100g
核桃…80g

作法

1. 以製作「巧克力碎片餅乾」（參考上記）的方式進行準備。可可粉也和其他粉類一同過篩。核桃切成粗粒狀。以步驟**1**至步驟**2**的相同方式製作，再混入核桃。
2. 以步驟**3**的相同方式烘烤。

Oatmeal Raisin Cookies

燕麥葡萄乾餅乾

富含奶油，酥鬆脆口的一片。
是充滿燕麥香氣的餅乾。

材料（20至25片份）

無鹽奶油…110g
低筋麵粉…60g
食用級小蘇打粉…1/2小匙
泡打粉…1/3小匙
燕麥…1杯
胚芽…25g
紅糖…50g
精製細砂糖…50g
鹽…1小撮
蛋黃…1個
水…1小匙
葡萄乾…100g

準備

- 將奶油切成小方塊狀，放在冰箱冷藏備用。
- 混合過篩粉類。
- 烤盤鋪上烘焙紙。
- 烤箱預熱至180℃。

作法

1. 在調理盆中加入過篩好的粉類、燕麥、胚芽、紅糖、精製細砂糖和鹽，再加入奶油，以指尖混合成顆粒狀。再以手掌摩擦，壓碎成更細緻的乾燥沙狀。
2. 將蛋黃跟水混合後加入步驟**1**，再加入葡萄乾混合。
3. 以湯匙取約每片1大匙麵團，間隔10cm舀落在烤盤上。以背面沾濕的湯匙壓平成圓形，再放入烤箱烤15分鐘。放置在網架上，乾燥至酥脆即可。

Jam Drop Cookies

果醬軟餅乾

小巧、放上少許果醬的可愛軟餅乾。
也可嘗試以藍莓或橘子等喜歡的果醬製作。

材料（約30個份）

無鹽奶油…100g
低筋麵粉…160g
杏仁粉…40g
食用級小蘇打粉…1/4小匙
黍砂糖…90g
蛋黃…1個
草莓果醬…適量

準備

- 將奶油置於常溫中軟化。
- 混合過篩粉類。
- 烤盤鋪上烘焙紙。
- 烤箱預熱至170℃。

作法

1 以橡皮刮刀將奶油攪拌至霜狀，加入黍砂糖，以打蛋器摩擦攪拌至蓬鬆泛白，飽含空氣的狀態。
2 加入蛋黃混合，再倒入過篩後的粉類，以橡皮刮刀大圈攪拌後，再聚合成團。
3 揉成直徑2cm左右圓形，排列在烤盤上，以手指在正中央壓洞後放入果醬。放入烤箱烤15分鐘左右。放置在網架上，乾燥至酥脆即可。

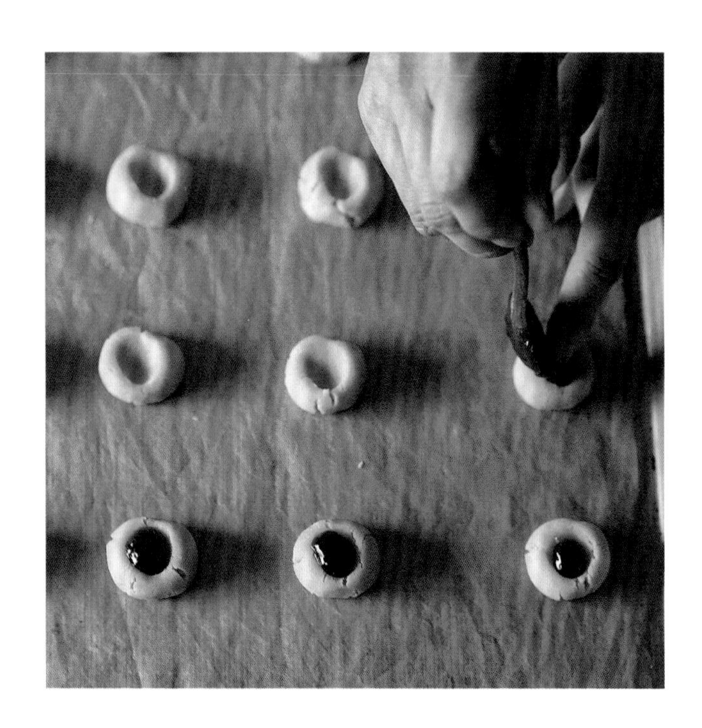

Snowball Cookies

雪球餅乾

雪球是一種口感酥鬆的餅乾，圓圓的形狀十分可愛。撒上大量糖粉，作成雪白的樣貌。

材料（約40個份）

無鹽奶油…100g
杏仁粉…50g
低筋麵粉…150g
糖粉…50g
裝飾用糖粉…適量

準備

- 將奶油置於常溫中軟化。
- 混合過篩粉類。
- 烤盤鋪上烘焙紙。
- 烤箱預熱至160℃。

作法

1. 以橡皮刮刀將奶油攪拌至霜狀，加入糖粉，以打蛋器摩擦攪拌至蓬鬆泛白，飽含空氣的狀態。
2. 加入過篩後的粉類，以橡皮刮刀大圈攪拌後，聚合成團。
3. 揉成直徑1.5cm左右的圓形，排列在烤盤上，放入烤箱烤20分鐘左右。趁熱在整體表面沾裹大量糖粉即完成。

Soybean Flour Cookies

黃豆粉餅乾

無論是麵團或表面裝飾都使用了黃豆粉。
飽含核桃的香氣和脆脆的口感為其一大特色。
在此以餅乾壓模製作。

材料（直徑4cm的花形模35至40片）

無鹽奶油…100g
杏仁粉…50g
低筋麵粉…130g
黃豆粉…20g
核桃…40g
糖粉…50g
裝飾用糖粉、黃豆粉…各適量

作法

1. 以製作「雪球餅乾」（參照P.22）的方式進行準備。黃豆粉也和粉類一同過篩。核桃稍微烤過或是乾炒過，再切成粗粒狀。
2. 以橡皮刮刀將奶油攪拌至霜狀，加入糖粉，以打蛋器摩擦攪拌至蓬鬆泛白，飽含空氣的狀態。
3. 加入過篩後的粉類，以橡皮刮刀大圈攪拌後，聚合成團。再加入核桃混合。
4. 放置在撒上手粉的工作檯，以擀麵棍擀成1cm厚，再壓出形狀，排列在烤盤上，放入烤箱烤約20分鐘。取等量糖粉和黃豆粉混合，趁熱大量沾裹於整體表面即完成。

Shortbreads

奶油酥餅

只使用奶油、砂糖、鹽、麵粉等非常簡單的材料製作而成的奶油酥餅。是蘇格蘭傳統烤點心，相當適合搭配紅茶一同享用。

材料（14條份）

無鹽奶油（發酵奶油尤佳）…100g
低筋麵粉…120g
高筋麵粉…50g
精製細砂糖…30g
糖粉…30g
鹽…1/4小匙

準備

- 將奶油置於常溫中軟化。
- 混合過篩粉類。
- 烤盤鋪上烘焙紙。
- 烤箱預熱至150℃。

作法

1. 以橡皮刮刀將奶油攪拌至霜狀，加入精製細砂糖和糖粉，以打蛋器摩擦攪拌至蓬鬆泛白，飽含空氣的狀態。
2. 加入鹽和過篩好的粉類，以橡皮刮刀大圈攪拌後，聚合成團。包上保鮮膜，放入冰箱靜置1小時左右。
3. 放置於撒了手粉的工作檯上，先以擀麵棍敲打延伸至一定程度，再擀開成18cm正方形。作出14等分的切痕，再以竹籤戳洞。
4. 排列在烤盤上，放入烤箱烤20至25分鐘鐘。趁熱沿著切痕用料理刀分切。放置於網架上，乾燥至酥脆即可。

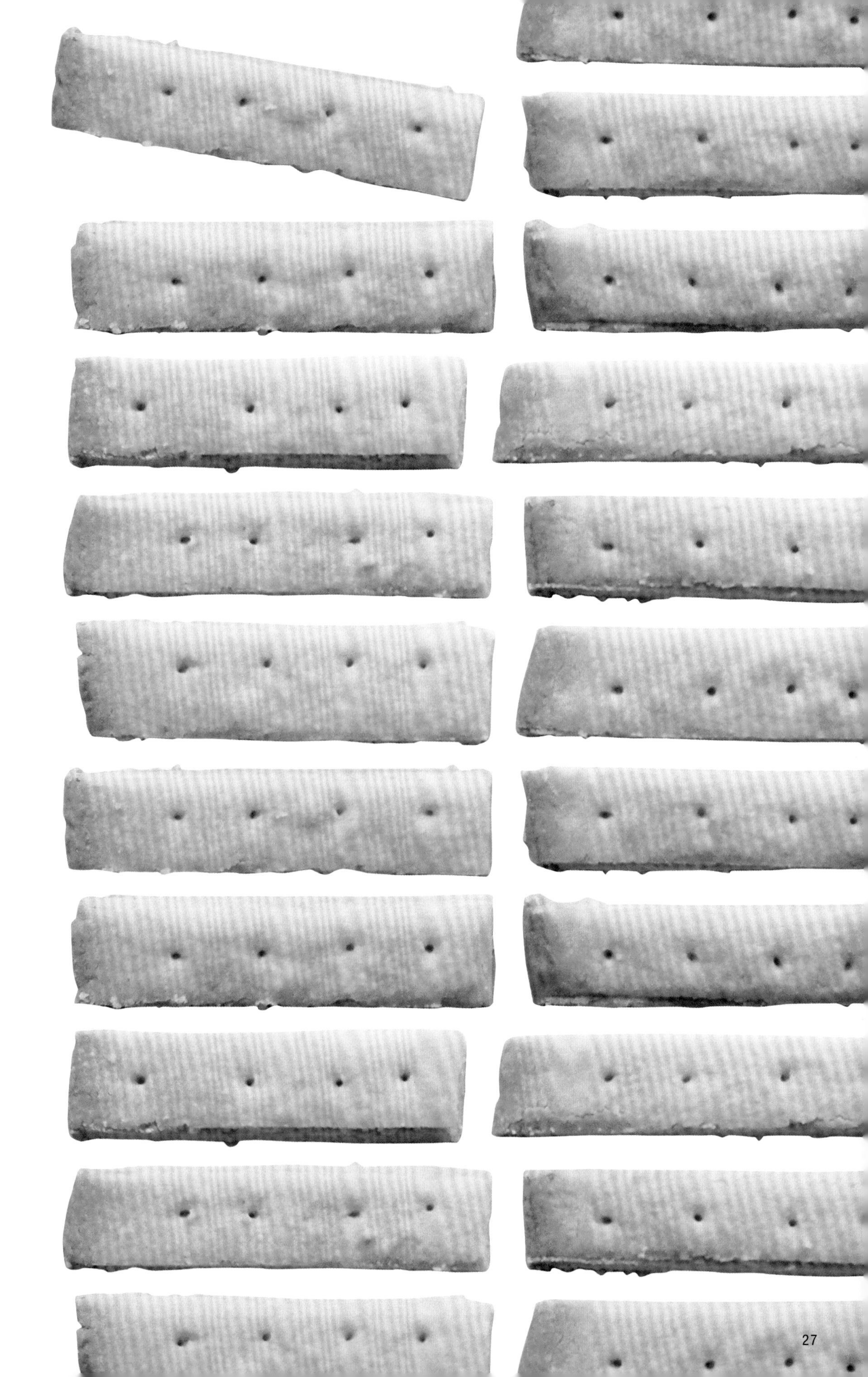

Sables

沙布列

起司和香草風味迷人的酥脆沙布列。口感略帶鹹味，不喜歡甜食的人也一定喜歡！和紅酒一起贈送給友人，既美味又大方。

Cheese Sables

起司沙布列

在帕瑪森起司的鹹味中以黑胡椒提味。
製作成適合搭配紅酒的沙布列。

材料（3.6cm方模60至70片份）

無鹽奶油…100g
低筋麵粉…180g
玉米粉…20g
黍砂糖…60g
鹽…1/2小匙
黑胡椒…1/4小匙
蛋黃…1個
帕瑪森起司…2大匙

準備

- 將奶油置於常溫中軟化。
- 混合過篩粉類。
- 烤盤鋪上烘焙紙。
- 烤箱預熱至170℃。

作法

1. 以橡皮刮刀將奶油攪拌至霜狀，加入黍砂糖，以打蛋器摩擦攪拌至蓬鬆泛白，飽含空氣的狀態。再加入鹽和黑胡椒繼續攪拌。
2. 加入蛋黃混合均勻，再放入過篩好的粉類和帕瑪森起司粉，以橡皮刮刀大圈攪拌後，聚合成團。包上保鮮膜，移入冰箱靜置1小時左右。
3. 放置於撒了手粉的工作檯上，以擀麵棍擀開成5mm厚度，再壓出形狀，排列在烤盤上，放入烤箱烤8至10分鐘。放置於網架上，乾燥至酥脆即可。

Rosemary Sables

迷迭香沙布列

飄散著迷迭香清爽香氣的餅乾。
使用百里香和鼠尾草等香草也很適合。

材料（長3.5cm x 寬5cm的餅乾模45至50片份）

無鹽奶油…100g
低筋麵粉…180g
玉米粉…20g
精製細砂糖…60g
鹽…1小撮
蛋黃…1個
切成細碎狀的迷迭香…2大匙
蛋白…少許

作法

1. 以製作「起司沙布列」（參照左述）的方式進行準備。
2. 以橡皮刮刀將奶油攪拌至霜狀，加入精製細砂糖，以打蛋器摩擦攪拌至蓬鬆泛白，飽含空氣的狀態。再加入鹽混合。
3. 加入蛋黃混合均勻，再倒入過篩好的粉類和迷迭香，以橡皮刮刀大圈攪拌後，聚合成團。包上保鮮膜，放入冰箱靜置1小時左右。
4. 放置於撒了手粉的工作檯上，以擀麵棍擀開成5mm厚，再壓出形狀，排列在烤盤上，塗上蛋白後放上迷迭香（份量外）。放入烤箱烤8至10分鐘，放置於網架上，乾燥至酥脆即可。

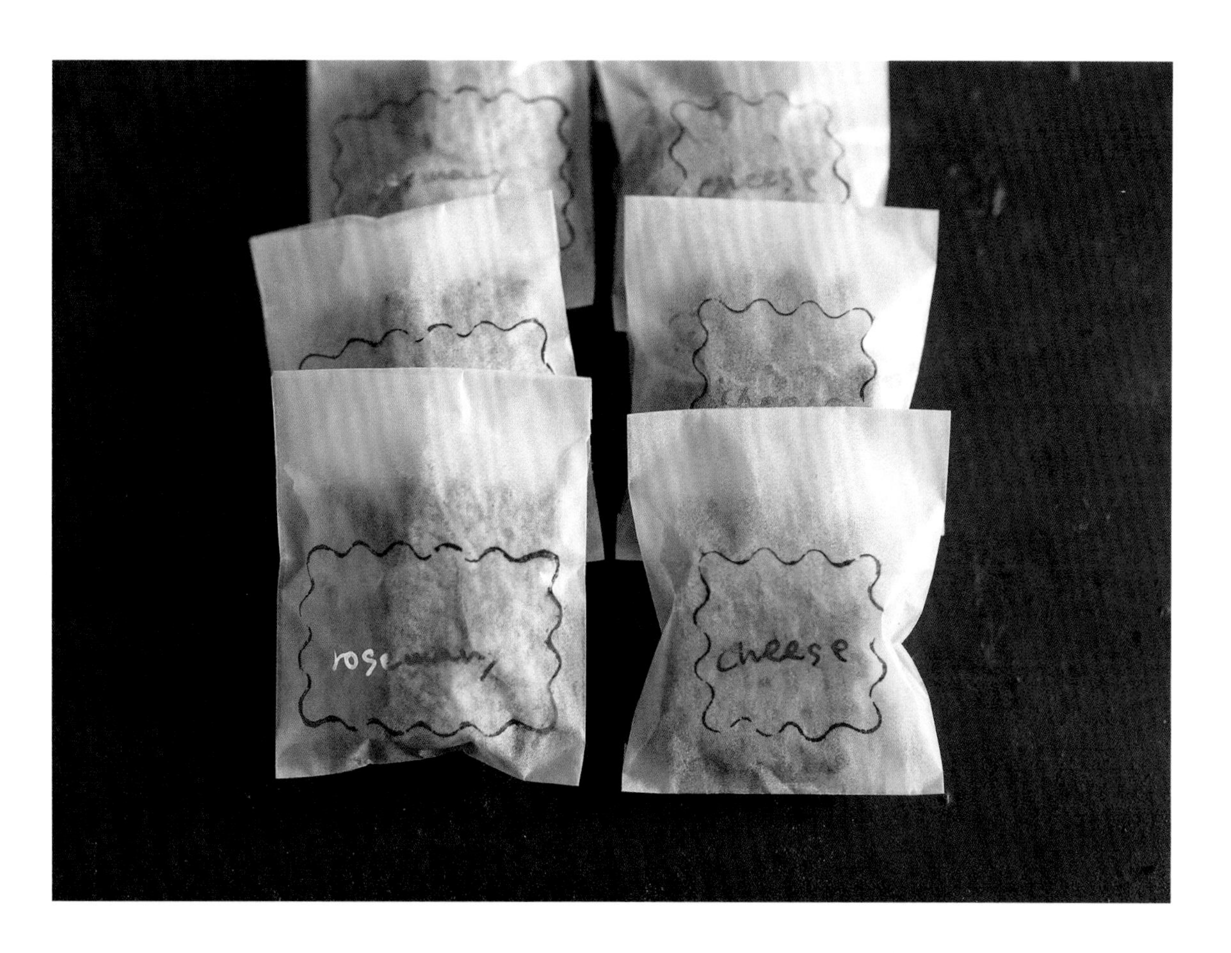
rosemary
cheese

Column

Wrapping 關於包裝

要同時分送給多人時，最理想的就是質樸且盡可能簡單的包裝。
以下將介紹幾個以容易取得的材料為點心包裝的好點子。

烤點心的 便利包材小物

包裝用品可透過雜貨店、包材店、百圓商店、
線上購物等管道購買。
以下要介紹通用性廣泛的材料。

袋子

袋子可以配合點心的各種形狀進行包裝。OPP袋因種類豐富且呈透明，可直接看見內容物，便於餅乾的包裝分送。上蠟的紙袋或防油紙袋，因為耐油、耐水，含有奶油的烤點心也能放心包裹。配合點心特徵和大小來選擇吧！

容器類

容易攜帶且不易壓壞的容器類最適合包裝易碎的餅乾了。配合點心的形狀，來選擇紙杯、塑膠製品等容器吧！也可容易取得的小型紙杯或手提小空盒等單品進行包裝。

封口材料

這類封口用小物可讓外包裝看起來時尚漂亮。無論是在粗細或大小、顏色或圖案都相當豐富的紙膠帶或貼紙，可感覺設計改變樣式，非常便利。文件用的裝訂用具、緞帶和繩子等材料也可搭配使用。

裝飾

以印章等工具，印上數字或英文字之類的訊息或縮寫字母，就能增添原創性。要送給多人時，也可依照數量編號，或印上贈送對象的生日、紀念日。試著變換印台顏色也很有趣。

烤點心的 包裝巧思

在贈送略表感謝之意或情人節等「充滿心意的贈禮」時，
很適用的包裝技巧。
不妨參考點心特色，再加上自己的創意巧思挑戰看看吧！

形狀細緻的餅乾建議使用不易壓壞的圓筒盒裝起，並以紙膠帶多變的粗細、顏色和圖案變化造型。
→P.08 留言餅乾

畫上糖霜，外表可愛的餅乾就以OPP袋包裹，可直接展現糖霜的圖樣。封口材料則選擇金屬夾，比貼紙或膠帶更具獨特性。用來包裝磅蛋糕也不錯。→P.10 香料餅乾

使用較厚的紙杯，覆蓋上防油紙，再以彩色橡皮圈固定即可。也可以緞帶和麻繩打結固定。容易取得的材料就可以製作也是其吸引人之處。→P.24 黃豆粉餅乾

只使用OPP袋似乎少了一點特色，因此稍微下了點功夫。簡單綁個標籤，或加上贈送甜點的食譜或留言也不錯。→P.40莓果巧克力馬芬

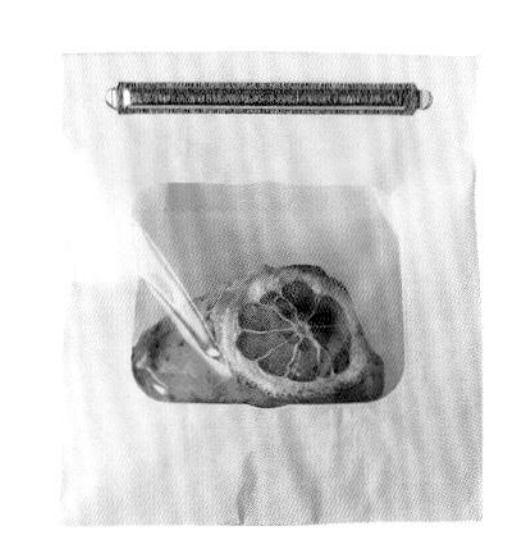

開窗袋的魅力就在於可以窺視點心的樣貌。要裝入馬芬等蛋糕時，就選擇有底的袋子。以打洞機打洞，再以裝訂用具封口，立刻就變身高級的時尚點心。→P.44鹽味檸檬馬芬

蠟塗料的袋子可用來包裝油分多的蛋糕。只需簡單地將封口摺成三角形，貼上印章的貼紙封口，就能增添帥氣感。→P.54杏桃磅蛋糕

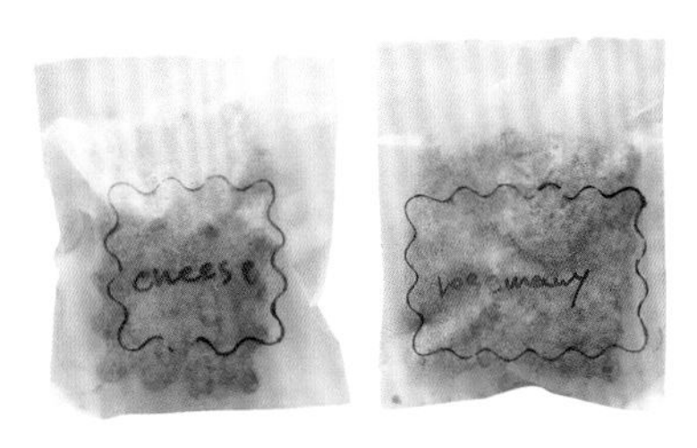

同時分送給多人時，防油小紙袋就能派上用場。蓋上和餅乾相同形狀的印章，讓包裝和點心產生關連性也非常有趣。→P.28起司沙布列、迷迭香沙布列

在適合各種點心的萬能OPP袋上，多加一道功夫，就能作出自我風格。將喜歡的紙張一起以釘書機固定，即可讓外觀變化萬千。→P.76咖啡胡桃方塊蛋糕

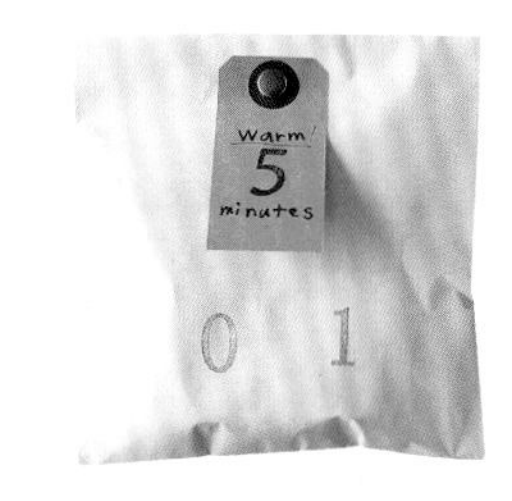

附上食用建議也是一種方式。「加熱5分鐘再食用吧！」或「請和奶油霜一同品嚐」等，讓內容物更加美味的建議，也是讓人覺得窩心的小技巧。→P.67玉米麵包

條狀蛋糕，以防油紙轉緊兩頭，如糖果般包裝，就能輕鬆地作出時尚感。也可以再捲上一層具圖示性的紙張。→P.70起司蛋糕條

以防油紙緊緊包覆，再以留言印章作出亮點。不僅可以防止乾燥，攜帶時也不易壓壞。→P.76花生醬方塊蛋糕

將紙袋作成利樂三角包的立體造型（*參照圖片）。可便於包裝馬芬等高度較高的點心。蓋上印章，在封口以標籤等物品作裝飾。→P.46藍莓菠蘿粒馬芬

在袋中放入烤點心，再將兩個★記號對齊。

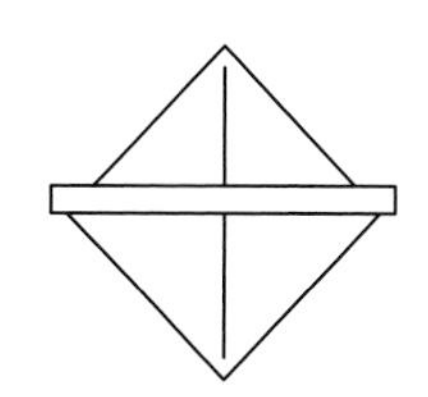

封口摺起數次（此為俯瞰示意圖）。

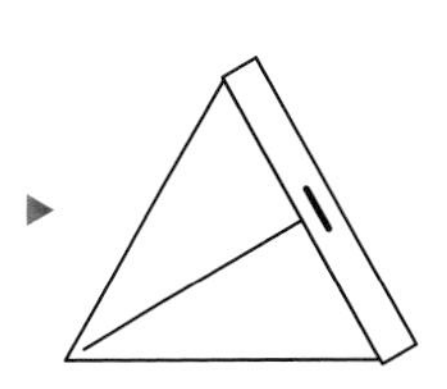

封口處以釘書機固定就完成了。

將30cm正方形防油紙摺成屋形（＊參照圖片）。先摺一次，作出褶線後再包裝。以喜歡的紙膠帶在背後固定就完成了。磅蛋糕的尺寸是高8cm x 寬6cm。→P.63甘藷豆豆磅蛋糕

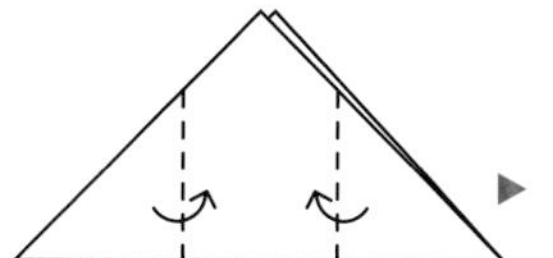

摺疊對角線，作成三角形，沿虛線兩側進行谷摺。

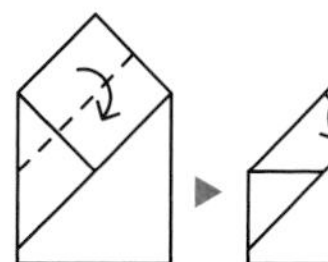

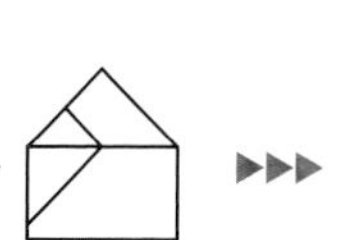

在左上方數cm處進行谷摺。右上方也以相同方式摺疊。如此一來，摺線部分就完成了。

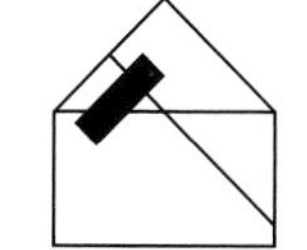

攤開紙張放入點心，將第一張圖片的右角插入左角內。依照摺線摺疊，最後以紙膠帶固定即完成。

Muffins

Delicious Baked Gifts

在一個調理盆裡攪拌材料就能完成嗎？馬芬是一款以簡單的材料即可輕鬆完成的烤點心。加入許多水果、鹹味……口味千變萬化。剛出爐的馬芬尤其美味，若想於隔夜之後再食用，也別忘了「加熱」後再享用喔！

Banana Crumble Muffins

Basic Muffins

基礎馬芬

以下介紹馬芬麵糊的製作方式。特色在於使用了全麥麵粉和加了檸檬汁的牛奶。拌入全麥麵粉，作出酥脆的口感。檸檬汁加牛奶的組合可使蛋糕體蓬鬆濕潤，口感輕盈。

Banana Crumble Muffins

香蕉菠蘿粒馬芬

甘甜且香氣四溢的香蕉搭配上層次豐富的菠蘿粒。
是一款經典的美式馬芬。

材料（直徑6cm x 高3cm的烤模8個份）

（基礎馬芬麵糊）
無鹽奶油…90g
低筋麵粉…120g
全麥麵粉…20g
高筋麵粉…40g
泡打粉…2/3小匙
食用級小蘇打粉…1/2小匙
黍砂糖…70g
蛋…1個
蛋黃…1個
鹽…1小撮
牛奶…80ml
檸檬汁…1大匙

菠蘿粒（參照右記）…適量
香蕉…1根

準備

- 將奶油置於常溫中軟化。
- 混合過篩粉類。
- 在烤模中放入耐烤紙杯。
- 烤箱預熱至180℃。

基礎菠蘿粒

材料（容易製作的份量）**和作法**

在調理盆中放入黍砂糖50g、低筋麵粉60g、杏仁粉20g、切成方塊狀的無鹽奶油50g，以刮板將奶油切碎，呈現粒狀。

作法

1. 以橡皮刮刀將奶油攪拌至霜狀，使其完全軟化。
2. 分二至三次加入黍砂糖，以打蛋器摩擦攪拌至蓬鬆泛白，飽含空氣的狀態。
3. 將充分打散的蛋液和蛋黃慢慢加入混合，再放入鹽。
4. 以叉子把香蕉壓成泥狀，加入並攪拌均勻。
5. 在牛奶中倒入檸檬汁後，靜置10分鐘左右。
6. 在步驟**4**中倒入一半過篩好的粉類，以橡皮刮刀均勻混合。再加入1/3的步驟**5**，繼續攪拌。
7. 再倒入一半粉類混合後，加入1/3的步驟**5**拌勻。剩餘的粉類和步驟**5**也以相同方式加入並攪拌均勻。
8. 倒入烤模約至7分滿。
9. 放上菠蘿粒，放入烤箱烤25分鐘左右即可。

Banana Caramel Muffins

香蕉焦糖馬芬

將焦香四溢的焦糖醬拌入麵糊中。
在撒上的精製細砂糖，沙沙的咬感為其亮點。

材料（直徑6cm x 高3cm的烤模8個份）

基礎馬芬麵糊材料（參照P.34）…全部
香蕉…2根
焦糖醬
（精製細砂糖…50g・水…1小匙・鮮油…50ml）
表面用精製細砂糖…適量

作法

1 以製作「基礎馬芬」（參照P.34）的方式進行準備。將1根裝飾用香蕉切成1.5cm寬。
2 製作焦糖醬。在鍋中加入精製細砂糖並倒入水後加熱。焦化成焦糖色後就倒入鮮奶油攪拌，熄火等待降溫。
3 以「基礎馬芬」步驟（參照P.34）**1**至**7**的同方式製作，將步驟**2**的焦糖醬留下少許，其餘加入並混合均勻。
4 倒入烤模中，放上步驟**1**的香蕉。淋上預留的焦糖醬，並撒上精製細砂糖，放入烤箱烤20至25分鐘即可。

Coconuts White Chocolate Muffins

椰子白巧克力馬芬

熬煮過的鳳梨、裝飾用烤椰子絲、融化的白巧克力⋯⋯
這是一款裝滿許多小小美味的馬芬。

材料（直徑6cm x 高3cm烤模8個份）

（馬芬麵糊）
無鹽奶油⋯90g
低筋麵粉⋯100g
全麥麵粉⋯20g
高筋麵粉⋯40g
泡打粉⋯2/3小匙
食用級小蘇打粉⋯1/2小匙
黍砂糖⋯70g
蛋⋯1個
蛋黃⋯1個
鹽⋯1小撮
牛奶⋯80ml
檸檬汁⋯1大匙

鳳梨（罐頭）⋯2片
鳳梨罐頭的糖水⋯100ml
檸檬汁⋯1大匙
精製細砂糖⋯1大匙
椰子絲⋯20g
烘焙用巧克力（白巧克力）⋯100g
椰子脆片⋯適量

作法

1 以製作「基礎馬芬」（參照P.34）的方式進行準備。
2 切碎鳳梨，放入鍋中。加入糖水、檸檬汁、精製細砂糖，熬煮至湯汁收乾，並放置降溫。
3 以製作「基礎馬芬」步驟（參照P.34）**1**至**3**、步驟**5**至**7**的方式製作。加入椰子絲和步驟**2**的鳳梨混合。倒入烤模，放入烤箱烤20至25分鐘。趁熱脫模，等待降溫。
4 將巧克力切成細碎狀後隔水加熱融化，以步驟**3**沾取。最後撒上略烤過的椰子脆片即可。

Berry Berry Chocolate Muffins

莓果巧克力馬芬

深色的可可蛋糕體中以覆盆莓的酸味提味。
是帶有成熟韻味的馬芬。

材料（直徑8.5cm X 高4.5cm大烤模5個份）

（馬芬麵糊）
無鹽奶油…90g
低筋麵粉…100g
全麥麵粉…20g
高筋麵粉…40g
可可粉…20g
泡打粉…2/3小匙
食用級小蘇打粉…1/2小匙
黍砂糖…70g
蛋…1個
蛋黃…1個
鹽…1小撮
牛奶…80ml
檸檬汁…1大匙

烘焙用巧克力（黑巧力）…80g
覆盆莓…120g

作法

1 以製作「基礎馬芬」（參照P.34）的方式進行準備。可可粉也和粉類一同過篩。
2 以「基礎馬芬」步驟（參照P.34）**1**至**3**、步驟**5**至**7**的同樣方式製作。將巧克力切成粗粒。在麵糊中加入巧克力和100g覆盆莓拌勻。
3 倒入烤模，放上剩餘覆盆子，放入烤箱烤20至25分鐘。

Apple & Walnut & Cheese Muffins

蘋果核桃起司馬芬

蘋果、核桃與起司是堪稱王道的美味組合。
康堤起司可以葛瑞爾或艾登起司替代。

材料（直徑6cm X 高3cm烤模8個份）

基礎馬芬麵糊材料（參照P.34）…全部
蘋果…1個
核桃…40g
康堤乳酪…60g
表面用精製細砂糖…適量

作法

1 以製作「基礎馬芬」（參照P.34）的方式進行準備。將1/2個蘋果切成扇形薄片狀，其餘則切丁備用。核桃切粗粒狀，略微烘烤。起司切丁。
2 以「基礎馬芬」步驟（參照P.34）**1**至**3**、步驟**5**至**7**的方式製作。將麵團中拌入蘋果丁、核桃和起司混合。
3 倒入烤模，放上扇形蘋果片，撒上精製細砂糖。放入烤箱烤20至25分鐘即可。

BISQUICK

LEFT Nuts Cinnamon Crumble Muffins (→P43)

CENTER Salty Lemon Muffins (→P44)

RIGHT Orange Caramel Muffins (→P45)

Nuts Cinnamon Crumble Muffins

堅果肉桂菠蘿粒馬芬

肉桂風味和堅果搭配性也相當契合。
在此以Graham全麥粉製作出酥脆的口感。

材料（直徑6cm X 高3cm烤模8個份）

（馬芬麵糊）
無鹽奶油…90g
低筋麵粉…100g
全麥麵粉…20g
高筋麵粉…40g
Graham全麥粉…20g
泡打粉…2/3小匙
食用級小蘇打粉…1/2小匙
黍砂糖…70g
蛋…1個
蛋黃…1個
鹽…1小撮
牛奶…80ml
檸檬汁…1大匙

山核桃…60g
小豆蔻粉…1/4小匙
肉桂粉…1/2小匙
葡萄乾…40g
夏威夷豆…20g
菠蘿粒（參照P.34）…適量

作法

1. 以製作「基礎馬芬」（參照P.34）的方式進行準備。Graham全麥粉也和粉類一起過篩。山核桃略微烘烤後，取40g切碎。
2. 以「基礎馬芬」步驟（參照P.34）**1**至**3**、步驟**5**至**7**的方式製作。在麵糊中加入切碎的山核桃、小豆蔻粉、肉桂粉、葡萄乾、夏威夷豆混合。
3. 倒入烤模，放上菠蘿粒，撒上剩餘的山核桃。放入烤箱烤20至25分鐘即可。

Salty Lemon Muffins

鹽味檸檬馬芬

在鹹味蛋糕體中放入大量微苦的糖漬檸檬皮，
表面也稍微地裝飾上檸檬圓片，這款鹽味檸檬馬芬就大功告成了！

材料（直徑6cm x 高3cm的烤模6個份）

基礎馬芬麵糊材料（參照P.34）…全部
　※鹽…1/2小匙
糖漬檸檬皮…50g
裝飾用檸檬圓片、精製細砂糖、粗鹽…各適量

作法

1　以製作「基礎馬芬」（參照P.34）的方式進行準備。
2　以「基礎馬芬」步驟（參照P.34）**1**至**3**、步驟**5**至**7**的方式製作。將糖漬檸檬皮切碎、加入麵糊之中。
3　倒入烤模，放上檸檬圓片，撒上精製細砂糖、粗鹽。放入烤箱烤20至25分鐘即可。

Orange Caramel Muffins

柳橙焦糖馬芬

在蛋糕體淋上柳橙風味，
再加上酥香脆口的杏仁片增添層次。

材料（直徑6cm x 高3cm的烤模6個份）

基礎馬芬麵糊材料（參照P.34）…全部
黍砂糖…50g
水…少許
柳橙汁…2大匙
無鹽奶油…20g
柑曼怡橙酒…少許
杏仁片…25g
糖漬橙皮…40g

作法

1 以製作「基礎馬芬」（參照P.34）的方式進行準備。
2 製作柳橙焦糖醬。在鍋中放入黍砂糖，倒入水後加熱。當逐漸焦化成淺焦糖色時，就加入柳橙汁、奶油、柑曼怡橙酒、杏仁片混合，並放置降溫。
3 以「基礎馬芬」步驟（參照P.34）**1**至**3**、步驟**5**至**7**的方式製作。在麵糊中加入糖漬橙皮並混合，再倒入烤模，放入烤箱烤10分鐘後取出，淋上步驟**2**的柳橙焦糖醬，再烤10至15分鐘。

Blueberry Crumble Muffins

藍莓菠蘿粒馬芬

說到馬芬的經典之作，就屬這道！
新鮮藍莓的酸味和波蘿粒的甜味深具魅力。

材料（直徑6cm x 高3cm的烤模8個份）

基礎馬芬麵糊材料（參照P.34）…全部
藍莓…150g
菠蘿粒（參照P.34）…適量

作法

1　以製作「基礎馬芬」（參照P.34）的方式進行準備。
2　以「基礎馬芬」步驟（參照P.34）**1**至**3**、步驟**5**至**7**的同樣方式製作。在麵糊中加入藍莓混合。倒入烤模，放上菠蘿粒，放入烤箱烤20至25分鐘即可。

Onion Caramelized Muffins

焦香洋蔥馬芬

若想送給不喜歡甜食的朋友，可參考這款餐點型馬芬。
當成早餐享用是最棒的選擇。

材料（直徑6cm X 高3cm烤模6個份）

（馬芬麵糊）
無鹽奶油…90g
低筋麵粉…120g
全麥麵粉…20g
高筋麵粉…40g
泡打粉…2/3小匙
食用級小蘇打粉…1/2小匙
黍砂糖…40g
蛋…1個
蛋黃…1個
鹽…1/2小匙
牛奶…80ml
檸檬汁…1大匙

洋蔥…1個
奶油…2大匙
葛瑞爾起司…30g
黑胡椒…1/2小匙
切碎的百里香…2小匙

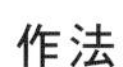

作法

1　以製作「基礎馬芬」（參照P.34）的方式進行準備。
2　將洋蔥切成薄片。以鍋子融化奶油，把洋蔥炒至咖啡色，待降溫。並磨碎起司。
3　以「基礎馬芬」步驟（參照P.34）**1**至**3**、步驟**5**至7的方式製作。在麵糊中加入步驟**2**的洋蔥、起司、黑胡椒和百里香混合。倒入烤模，表面放上起司，放入烤箱烤20至25分鐘即可。

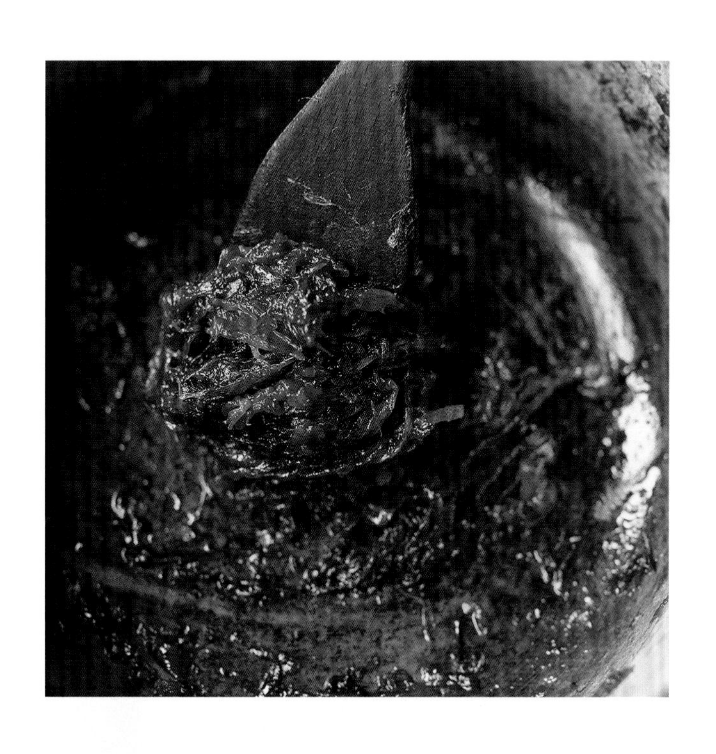

Pound Cakes

Delicious Baked Gifts

放置一至兩天會更加濕潤好吃的磅蛋糕。由於可以預先製作，能配合行程烘烤為其製作上的優點。味道變化也很豐富，能依照贈送人數分切。相信是每個人收到都會很開心的贈禮點心。

Lemon Pound Cakes

Basic Pound Cakes

基礎磅蛋糕

磅蛋糕是由奶油、蛋、砂糖、麵粉等四種材料各使用一磅製作而成，因此有了這樣的名稱。只要有一個磅蛋糕模具，就能變化出各式不同口味喔！

Lemon Pound Cakes

檸檬磅蛋糕

加入大量檸檬皮的清爽蛋糕，
酸酸的檸檬風味糖霜是不容錯過的好味道。

材料（長17cm x 寬8cm x 高6cm的磅蛋糕模1模份）

無鹽奶油…120g
低筋麵粉…120g
泡打粉…1/2小匙
蛋…2個
精製細砂糖…100g
檸檬皮屑…1個份
檸檬糖霜（糖粉80g・檸檬汁1大匙・水1又1/3小匙）
檸檬皮絲…適量

準備

- 將奶油置於常溫中軟化。
- 混合過篩粉類。
- 蛋置於常溫之中。
- 在烤模中鋪上烘焙紙。
- 烤箱預熱至180℃。

作法

1. 以橡皮刮刀將奶油攪拌至霜狀，使其完全軟化。
2. 一口氣加入精製細砂糖，以打蛋器摩擦攪拌至蓬鬆泛白，飽含空氣的狀態。
3. 分數次加入充分打散的蛋液，每次加入少許混合，以防止油水分離。若過程中看起來像要分離時，就加入少許低筋麵粉（份量內）。
4. 加入磨碎的檸檬皮屑。再加入過篩好的粉類後拌勻。
5. 以橡皮刮刀充分混合整體，直至粉粒消失。
6. 倒入烤模中，將整個烤模摔落二至三次以排出空氣。
7. 以打濕的刀子在中央畫出刀痕。
8. 放入烤箱烤40至45分鐘，並趁熱脫模。放置在網架上散熱。製作檸檬糖霜（參照P.10），淋在蛋糕上。
9. 在上方刮落檸檬皮絲。

5
6
2
7
4
8
9

Maple Banana Pound Cakes

楓糖香蕉磅蛋糕

在收尾時塗上蘭姆酒和楓糖漿，作出濕潤醇厚的口感。
建議搭配打發的鮮奶油和楓糖漿一同享用。

材料（長17cm x 寬8cm x 高6cm的磅蛋糕模1模份）

無鹽奶油…120g
低筋麵粉…150g
泡打粉…1/2小匙
蛋…2個
香蕉…1根
黍砂糖…60g
楓糖粒…2小匙
楓糖漿…1大匙
蘭姆酒…1大匙

作法

1. 以製作「基礎磅蛋糕」（參照P.50）的方式進行準備。香蕉以叉子壓碎成泥狀。
2. 以橡皮刮刀將奶油攪拌至霜狀，使其完全軟化。
3. 在步驟**2**中一口氣加入精製細砂糖，以打蛋器摩擦攪拌至蓬鬆泛白，飽含空氣的狀態。再加入楓糖粒混合。
4. 分數次加入充分打散的蛋液，每次加入少許混合，以防止油水分離。若過程中看起來像要分離時，就加入少許低筋麵粉（份量內）。再加入香蕉攪拌均勻。
5. 倒入過篩好的粉類後拌勻。以橡皮刮刀充分混合整體，直至粉粒消失。
6. 倒入烤模中，將整個烤模摔落二至三次以排出空氣。表面攤平後就以打濕的刀子在中央畫出刀痕。放入烤箱烤40至45分鐘，脫模後放置在網架上，並趁熱以刷子塗上楓糖漿和蘭姆酒。

NOBLE
HANDCRAFTED
TONIC
01
TUTHILLTOWN BOURBON
BARREL MATURED
MAPLE SYRUP
15.2 FL OZ / 450 ML

Apricot Pound Cakes

杏桃磅蛋糕

飽含滿滿的酸甜杏桃，是一款廣受歡迎的蛋糕。
藉由塗上大量糖漿防止乾燥，使成品保持濕潤的口感。

材料（長17cm x 寬8cm x 高6cm的磅蛋糕模1模份）

無鹽奶油…120g
低筋麵粉…120g
泡打粉…1/2小匙
蛋…2個
糖煮杏桃（杏桃乾100g・精製細砂糖120g・八角1個・水適量）
黍砂糖…100g
糖漿
（糖煮杏桃的湯汁2大匙・Amaretto義大利苦杏酒2大匙）

作法

1. 以製作「基礎磅蛋糕」（參照P.50）的方式進行準備。
2. 製作糖煮杏桃。在琺瑯或不鏽鋼鍋中放入杏桃、精製細砂糖和八角，注入約略蓋過食材的水。加熱，沸騰後就轉小火，一邊撈除浮沫，一邊熬煮20至30分鐘。徹底冷卻後，切成粗粒，再裹上適量的低筋麵粉（份量外）。
3. 以「基礎磅蛋糕」步驟（參照P.50）**1**至**3**的方式製作。在這邊以黍砂糖替代精製細砂糖加入。
4. 倒入過篩好的粉類後拌勻。以橡皮刮刀充分混合整體，直至粉粒消失，再加入步驟**2**的糖煮杏桃攪拌均勻。
5. 麵糊倒入烤模中，使其攤平，並將整個烤模摔落二至三次以排出空氣。以打濕的刀子在中央畫出刀痕。放入烤箱烤40至45分鐘，趁熱脫模後放置在網架上，混合糖漿材料，以刷子塗抹。

Orange Pound Cakes

香橙磅蛋糕

如此美麗的磅蛋糕，最適合贈送給重要的人。
於表面大量淋上了增添風味的柳橙糖漿。

材料（長17cm x 寬8cm x 高6cm的磅蛋糕模1模份）

無鹽奶油…120g
低筋麵粉…100g
泡打粉…1/2小匙
杏仁粉…20g
蛋…2個
柳橙…1個
糖煮柳橙
（柳橙1個・柳橙汁1個份（使用麵糊剩餘的即可）・精製細砂糖80g・水2大匙・柑曼怡等香橙利口酒1小匙）
精製細砂糖…100g

作法

1 以製作「基礎磅蛋糕」（參照P.50）的方式進行準備。粉類和杏仁粉一同過篩。以適量的鹽（份量外）充分搓揉柳橙後沖洗，以去除蠟質，並將表皮磨碎。
2 製作糖煮柳橙。將柳橙切成極薄的片狀。在鍋中加入柑曼怡橙酒以外的材料，以中火加熱，若精製細砂糖融化，就改以小火煮沸15至20左右。呈現濃稠狀即可關火，再加入柑曼怡橙酒。
3 以「基礎磅蛋糕」步驟（參照P.50）**1**至**3**的方式製作。當倒入蛋液後，就加入步驟**1**的橙皮混合。
4 加入過篩好的粉類後拌勻。以橡皮刮刀充分混合整體，直至粉粒消失。
5 麵糊倒入烤模中，使其攤平，並將整個烤模摔落二至三次以排出空氣。以打濕的刀子在中央畫出刀痕。放入烤箱烤40至45分鐘，趁熱脫模後放置在網架上，排列上步驟**2**的柳橙，並以刷子大量塗抹糖漿，在冷卻之前重複塗抹數次。

English Tea Pound Cakes

紅茶磅蛋糕

藉由磨碎茶葉，讓人更能感受紅茶的風味。
搭配上一顆顆的罌粟籽，呈現出有趣的口感。

材料（長17cm x 寬8cm x 高6cm的磅蛋糕模1模份）

無鹽奶油…120g
低筋麵粉…120g
泡打粉…1/2小匙
蛋…2個
柳橙…1個
伯爵紅茶的茶葉…1大匙
精製細砂糖…100g
藍罌粟籽…1大匙

作法

1. 以製作「基礎磅蛋糕」（參照P.50）的方式進行準備。以適量的鹽充分搓揉柳橙後沖洗，以去除蠟質，再將表皮磨碎。並把茶葉搗成細碎狀。
2. 以「基礎磅蛋糕」步驟（參照P.50）**1**至**3**的方式製作。並加入步驟**1**的柳橙皮、茶葉和罌粟籽。
3. 倒入過篩好的粉類後拌勻。以橡皮刮刀充分混合整體，直至粉粒消失。
4. 麵糊倒入烤模中，使其攤平，並將整個烤模摔落二至三次以排出空氣。以打濕的刀子在中央畫出刀痕。放入烤箱烤40至45分鐘，趁熱脫模後放置在網架上冷卻即完成。

—

Nuts Pound Cakes

—

Cheese Pound Cakes

Sweet Potato & Sugared Red Beans Pound Cakes

Nuts Pound Cakes

堅果磅蛋糕

在蛋糕體中加入粗磨的堅果，上方則放上整顆堅果。
是可以充分享受堅果風味的蛋糕。

材料（長17cm x 寬8cm x 高6cm的磅蛋糕模1模份）

無鹽奶油…120g
低筋麵粉…50g
泡打粉…1/2小匙
杏仁粉…20g
蛋…2個
麵糊用堅果（榛果20g・杏仁30g・松子30g・開心果20g・核桃30g）
黍砂糖…100g
檸檬皮屑…1個份
裝飾用松子、開心果、榛果、核桃等…各適量

作法

1 以製作「基礎磅蛋糕」（參照P.50）的方式進行準備。杏仁粉也和粉類一同過篩。
2 將放入麵糊中的堅果放入烤箱略微烤過，剝去外皮。以食物調理機磨成略粗顆粒，再攤平於調理盤上冷卻。
3 以「基礎磅蛋糕」步驟（參照P.50）**1**至**3**的方式製作。以黍砂糖替代精製細砂糖加入。
4 倒入過篩好的粉類後拌勻。以橡皮刮刀充分混合整體，直至粉粒消失。並加入**2**的堅果和檸檬皮混合。
5 麵糊倒入烤模中，使其攤平，並將整個烤模摔落二至三次以排出空氣。以打濕的刀子在中央畫出刀痕，再放上裝飾用的堅果。放入烤箱烤40至45分鐘，趁熱脫模後放置在網架上冷卻即完成。

Cheese Pound Cakes

起司磅蛋糕

使用三種起司，表現出複雜的層次風味。
甜味與鹹味的絕佳平衡，無論是搭配咖啡或紅酒都很合適。

材料（長17cm x 寬8cm x 高6cm的磅蛋糕模1模份）

無鹽奶油…120g
低筋麵粉…120g
泡打粉…1小匙
蛋…2個
葛瑞爾起司…30g
艾曼達起司…30g
帕馬森起司…20g
黍砂糖…90g

作法

1 以製作「基礎磅蛋糕」（參照P.50）的方式進行準備。但烤箱要預熱至170℃。起司需磨碎。
2 以「基礎磅蛋糕」步驟（參照P.50）**1**至**3**的方式製作。以黍砂糖替代精製細砂糖加入。
3 加入步驟**1**的起司和過篩好的粉類後拌勻。以橡皮刮刀充分混合整體，直至粉粒消失。
4 麵糊倒入烤模中，使其攤平，並將整個烤模摔落二至三次以排出空氣。以打濕的刀子在中央畫出刀痕。放入烤箱烤40至45分鐘，趁熱脫模後放置在網架上冷卻即完成。

Sweet Potato
& Sugared Red Beans Pound Cakes

甘藷豆豆磅蛋糕

切開時，甘藷和甘納豆的色彩質樸可愛。
溫和的甜味，喜歡和菓子的人也一定喜歡。

材料（長17cm x 寬8cm x 高6cm的磅蛋糕模1模份）

無鹽奶油…120g
低筋麵粉…120g
泡打粉…1/2小匙
蛋…2個
甘藷…1/3根（50g）
黍砂糖…100g
甘納豆…100g

作法

1. 以製作「基礎磅蛋糕」（參照P.50）的方式進行準備。甘藷連皮切成1cm塊狀後汆燙，再瀝乾水分。
2. 以「基礎磅蛋糕」步驟（參照P.50）**1**至**3**的方式製作。以黍砂糖替代精製細砂糖加入。
3. 倒入過篩好的粉類後拌勻。以橡皮刮刀充分混合整體，直至粉粒消失。再拌入甘藷和甘納豆混合。
4. 麵糊倒入烤模中，使其攤平，並將整個烤模摔落二至三次以排出空氣。以打濕的刀子在中央畫出刀痕。放入烤箱烤40至45分鐘，趁熱脫模後放置在網架上冷卻即完成。

Bread

快速麵包

無需發酵，可輕鬆完成的快速麵包，介於麵包和蛋糕之間的口感，當作早餐也很受到歡迎。是一款能傳遞「小小心意」的烤點心。

Banana Bread

香蕉麵包

從烤箱飄散出香蕉的甜美香氣帶來無限的幸福感，
冷掉就稍微加熱，搭配鹹味奶油的鹹香令人食指大動！

材料（長17cm x 寬8cm x 高6cm的磅蛋糕模1模份）

高筋麵粉…150g
泡打粉…1小匙
蛋…1個
無鹽奶油…100g
香蕉…2根
核桃…60g
黍砂糖…100g
鹽…1小撮

準備

- 混合過篩粉類。
- 蛋置於常溫之中。
- 在烤模中塗上一層薄薄的奶油（份量外），將低筋麵粉（份量外）撒滿內側，再倒落多餘麵粉。
- 烤箱預熱至170℃。

作法

1 隔水加熱融化奶油。香蕉以叉子搗成泥狀。核桃烘烤後切成粗粒。
2 在調理盆中加入奶油、蛋、黍砂糖，以打蛋器混合攪拌。
3 加入香蕉拌勻。再放入過篩好的粉類和鹽，以橡皮刮刀大圈混拌，再拌入核桃繼續混合。
4 麵糊倒入烤模中，使其攤平，並將整個烤模摔落二至三次以排出空氣。放入烤箱烤40至45分鐘，趁熱脫模後放置在網架上冷卻即完成。

Spice Fruit Bread

香料水果麵包

白蘭地酒漬果乾中散發著香料的香氣，
是一款讓人想要切成薄片慢慢享用的水果麵包。

材料（長16cm x 寬10.5cm x 高5.5cm的磅蛋糕模1模份）

高筋麵粉…150g
泡打粉…1小匙
蛋…1個
無鹽奶油…100g
蜂蜜…30g
黍砂糖…75g
香料（肉桂1小匙・薑粉1/2小匙・丁香1/4小匙）
白蘭地漬果乾
（葡萄乾、糖漬櫻桃、醋栗、黑棗等）…120g

作法

1. 以製作「香蕉麵包」（參照P.64）的方式進行準備。奶油隔水加熱融化。
2. 在調理盆中加入奶油、蛋、黍砂糖，以打蛋器混合攪拌。再加入蜂蜜拌勻，再加入香料。
3. 倒入過篩好的粉類，以橡皮刮刀大圈混合。將較大的果乾略為切碎，加入混合。
4. 麵糊倒入烤模中，使其攤平，並將整個烤模摔落二至三次以排出空氣。放入烤箱烤40至45分鐘，趁熱脫模後放置在網

Corn Bread

玉米麵包

是一款在美國是相當常見的麵包。添加了大量粗粒玉米粉呈現出酥脆口感，切片稍微烤過後，可放上奶油一起享用。

材料（長17cm x 寬8cm x 高6cm的磅蛋糕模1模份）

低筋麵粉…70g
高筋麵粉…50g
泡打粉…1/2小匙
食用級小蘇打粉…1小匙
蛋…1個
無鹽奶油…50g
粗粒玉米粉（corn grits）…100g
牛奶…120ml
檸檬汁…2小匙
精製細砂糖…30g
鹽…1/2小匙
鮮奶油…50ml

準備

- 混合過篩粉類。
- 蛋置於常溫之中。
- 在烤模中塗上一層薄薄的奶油（份量外），將粗粒玉米粉（份量外）撒滿內側，再倒落餘粉。
- 烤箱預熱至170℃。

作法

1. 隔水加熱融化奶油。混合過篩好的粉類加入粗粒玉米粉混合均勻。在牛奶中加入檸檬汁靜置10分鐘。
2. 在調理盆中加入蛋、黍砂糖，以打蛋器攪拌至泛白蓬鬆的狀態。再加入步驟**1**的牛奶、鹽、鮮奶油。
3. 倒入過篩好的粉類，以橡皮刮刀大圈混合，再加入步驟**1**的奶油。
4. 麵糊倒入烤模中，使其攤平，並將整個烤模摔落二至三次以排出空氣。放入烤箱烤30至35分鐘，趁熱脫模後放置在網架上冷卻即完成。

Stick & Square Cakes

Delicious Baked Gifts

本單元介紹只要攪拌，就算沒有烤模，倒入調理盤等容器也能烘烤完成的簡單版蛋糕。「切大塊一點給最喜歡甜食的那個人」、「每個種類各拿一點」……可對應各種不同情況，及收禮之人的喜好。容易分切成想要的尺寸也是其優點所在。

Stick Cheese Cakes

起司蛋糕條

是濕潤濃厚的紐約式起司蛋糕。只是如糖果般緊緊轉起，輕鬆的簡單包裝也很不錯。

材料（長18cm x 寬18cm x 高3.5cm的方模1模份）

無鹽奶油…30g
奶油起司…200g
低筋麵粉…30g
全麥餅乾…80g
酸奶油…100g
精製細砂糖…80g
蛋…1個
蛋黃…1個
鮮奶油…100ml
檸檬皮屑…1個份
香草豆莢…1/2枝

準備

- 將奶油和奶油起司放置於常溫中軟化。
- 過篩低筋麵粉。
- 將全麥餅乾放入塑膠袋中，以擀麵棍等工具敲碎成粉狀。
- 在烤模中鋪上烘焙紙。
- 烤箱預熱至170℃。

作法

1. 將奶油加入全麥餅乾中混合，再放入烤模中以湯匙背面壓平填滿，再移入冰箱中冷卻。
2. 在奶油起司中加入酸奶油跟精製細砂糖，以橡皮刮刀攪拌至滑順。打入蛋並放入蛋黃拌勻。再加入鮮奶油、檸檬皮、從豆莢中刮出的香草籽後混合。
3. 倒入過篩好的低筋麵粉混拌均勻，麵糊倒入烤模中，使其攤平。將整個烤模摔落二至三次以排出空氣。放入烤箱烤30至40分鐘，趁熱脫模後放置在網架上冷卻即完成。

Formaticum
Formaticum

Stick
&
Square Cakes
For
Gifts

Brownies

布朗尼

使用大量巧克力，完成帶有苦味的成品。有基本款黑色
和椰子口味的白色。搭配成雙色贈送也能帶來驚喜。

Chocolate Brownies

巧克力布朗尼

加入了大量巧克力和可可粉，口感溼潤。
稍微加熱後，可與冰淇淋或打發的鮮奶油一起享用。

材料（長20cm x 寬16cm x 高3cm的調理盤1模份）

烘焙用巧克力…150g
低筋麵粉…60g
泡打粉…1/2小匙
可可粉…20g
無鹽奶油…100g
黍砂糖…100g
蛋…2個
核桃…40g

準備

- 將巧克力切成細碎狀。
- 混合過篩粉類與可可粉。
- 在烤模中鋪上烘焙紙。
- 烤箱預熱至170℃。

作法

1 將巧克力和奶油隔水加熱融化。
2 在調理盆中放入黍砂糖和蛋，以打蛋器充分混合，再加入步驟**1**。倒入過篩好的粉類，以橡皮刮刀攪拌，並將核桃切成粗粒，加入拌勻。
3 倒入調理盤中，讓麵糊攤平，等距排列上6個核桃（份量外）。放入烤箱烤20分鐘左右，趁熱脫模後放置在網架上冷卻即完成。

White Chocolate Brownies

白色布朗尼

是以白巧克力和椰子製作而成的布朗尼。
撒上糖粉，呈現出雪白外觀令人垂涎。

材料（長20cm x 寬16cm x 高3cm的調理盤1模份）

烘焙用巧克力（白巧克力）…150g
低筋麵粉…60g
泡打粉…1/2小匙
無鹽奶油…100g
精製細砂糖…90g
蛋…2個
椰子粉…50g
椰子絲…20g
糖粉…適量

作法

1 以製作「巧克力布朗尼」（參照左述）的方式進行準備。在過篩粉類時不加入可可粉。
2 以「巧克力布朗尼」作法（參照左述）**1**至**2**的方式製作麵糊。以精製細砂糖替代黍砂糖，椰子粉替代核桃加入。
3 倒入調理盤中，讓麵糊攤平，撒上椰子絲，放入烤箱烤25至30分鐘左右，趁熱脫模後放置在網架上，徹底冷卻，分切後再從表面撒上糖粉即完成。

Square Cakes

方塊蛋糕

以方形烤模烤成的方塊蛋糕。不但可作出各種變化，也容易分切，因此也最適合當成禮物。

Dark Cherry Square Cakes

黑櫻桃方塊蛋糕

在濕潤的蛋糕體中，以酸甜的黑櫻桃提味。
搭配上添加酸奶油的奶油霜也很美味。

材料（長18cm x 寬18cm x 高3.5cm的方形烤模1模份）

無鹽奶油…150g
黑櫻桃罐頭…1罐（淨重220g）
低筋麵粉…150g
泡打粉…1小匙
杏仁粉…30g
酸奶油…30g
精製細砂糖…80g
黍砂糖…70g
蛋…3個
表面用精製細砂糖、櫻桃白蘭地…各適量

準備

- 將奶油放置於常溫中軟化。
- 將黑櫻桃放置在廚房紙巾上，徹底吸乾水分。
- 混合過篩粉類。
- 在烤模中塗上一層薄薄的奶油（份量外），將低筋麵粉（份量外）撒滿內側，再倒落多餘麵粉。
- 烤箱預熱至170℃。

作法

1. 在奶油中加入酸奶油、精製細砂糖、黍砂糖，以橡皮刮刀混合後，再以打蛋器摩擦攪拌至泛白的狀態。
2. 將充分打散的蛋液慢慢加入混合，再倒入過篩好的粉類，以橡皮刮刀攪拌。再加入一半的櫻桃後拌勻。
3. 麵糊倒入烤模中，使其攤平。將整個烤模摔落二至三次以排出空氣，再撒上表面用的精製細砂糖。放入烤箱烤10分鐘左右，取出並平均排列上剩餘櫻桃。再繼續烤30分鐘左右，趁熱脫模後放置在網架上，以刷子塗上大量的櫻桃白蘭地。

Coffee Pecan Nuts Square Cakes

咖啡胡桃方塊蛋糕

直接加入剛磨好的咖啡粉，可享受芬芳香氣。
和堅果也很搭。

材料（長18cm x 寬18cm x 高3.5cm的方形烤模1模份）

無鹽奶油…80g
低筋麵粉…90g
泡打粉…1/2小匙
肉桂粉…1小匙
黍砂糖…60g
山核桃…70g
咖啡豆…1大匙
蛋…2個
精製細砂糖…適量

準備

- 將奶油放置於常溫中軟化。
- 混合過篩粉類。
- 在烤模中鋪上烘焙紙。
- 烤箱預熱至170℃。

作法

1. 以橡皮刮刀將奶油攪拌至霜狀，將黍砂糖一次加入，以打蛋器摩擦攪拌至蓬鬆泛白，飽含空氣的狀態。
2. 山核桃以烤箱徹底烘烤，留下20g作為裝飾，其餘的切成粗粒。咖啡豆用磨豆機磨粉。
3. 在步驟**1**中將充分打散的蛋液慢慢加入混合。再加入過篩好的粉類、切碎的山核桃和咖啡豆，再以橡皮刮刀混合。
4. 麵糊倒入烤模中，使其攤平，撒上精製細砂糖。裝飾上剩餘的山核桃。放入烤箱烤20至25分鐘鐘。趁熱脱模後放置在網架上散熱即完成。

Peanuts Butter Square Cakes

花生醬方塊蛋糕

同時帶有花生醬的濃郁和橘子果醬清爽的苦味。
是一款將經典美式蛋糕變化得稍具成熟風味的方塊蛋糕。

材料（長18cm x 寬18cm x 高3.5cm的方形烤模1模份）

無鹽奶油…100g
低筋麵粉…40g
泡打粉…1/2小匙
黍砂糖…60g
花生醬…90g
蛋…2個
橘子果醬…80g
水…1大匙

準備

- 將奶油放置於常溫中軟化。
- 混合過篩粉類。
- 在烤模中鋪上烘焙紙。
- 烤箱預熱至170℃。

作法

1. 以橡皮刮刀將奶油攪拌至霜狀，將黍砂糖一次加入，以打蛋器摩擦攪拌至蓬鬆泛白，飽含空氣的狀態。加入花生醬，繼續混拌。
2. 將充分打散的蛋液慢慢加入混合。再倒入過篩好的粉類和40g橘子果醬，再以橡皮刮刀輕輕混合。
3. 麵糊倒入烤模中，使其攤平，混合40g橘子果醬和水後，均勻地淋上。放入烤箱烤30分鐘左右。趁熱脱模後放置在網架上冷卻即完成。

Column

Material 關於材料

在本書中所使用的基本材料為麵粉、砂糖、蛋、奶油。
以麵粉的種類或使用的砂糖改變口感和味道。

粉類

製作甜點常使用的是具彈性和黏性的麵筋含量較低的低筋麵粉，及含量較高的高筋麵粉。為了表現出酥脆的口感，本書所使用的是全麥粉和Graham全麥粉。無論高筋或低筋都很容易結塊，皆需過篩後使用。

砂糖

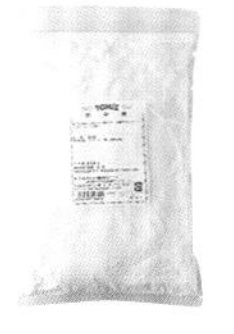

黍砂糖香氣宜人，很適合巧克力和香蕉等食材。 糖粉會營造出酥脆口感。精製細砂糖甜味爽口，加入餅乾中則會完成爽脆的成品。撒在馬芬或蛋糕表面後烘烤，會帶來酥香的口感，這也是美味所在之一。

蛋・奶油

一般而言，在製作甜點時使用的是無鹽奶油。更推薦使用於製作點心的是發酵奶油。在製作餅乾或磅蛋糕等能品嚐到奶油風味的簡單甜點時使用。具有獨特的風味與酸味。本書所使用的蛋是M號。

膨脹劑

泡打粉可作出濕潤與酥鬆的口感；食用級小蘇打粉則可呈現爽脆與輕盈的口感。若想要完成兩者兼具的作品，則可一併使用。兩者皆選擇不含鋁的產品。

糖霜材料

本書中介紹了檸檬味、可可味和抹茶味的糖霜。可裝飾外觀，並提昇風味的人氣糖霜。就算沒有準備專用糖霜色素，以手邊的材料與糖粉和水混合也能完成。製作時請參考P.10的基礎糖霜。

其他

若能準備好堅果類、新鮮水果、巧克力等副食材，及能夠提味的香料或迷迭香等香草、增添香氣的香草油是最棒的。耐放的果乾對於烤點心也是很常見的材料。

保持美味的方法

裝時若能放入乾燥劑，就能使酥脆口感維持較長的享用期。磅蛋糕或方塊蛋糕若和脫氧劑一起包裝，可保持美味度。在贈送烤點心時，花點心思讓對方能在美味的狀態下品嚐吧！馬芬在熱熱時最好吃，因此在包裝上附註「加熱後再食用吧！」這樣一句小叮嚀。磅蛋糕出爐後放置一日，蛋糕體就會變得濕潤，使得化口性更佳，因此配合贈送日期製作吧！

Column

Tool 關於工具

本書所介紹的是以基本工具和烤模就可完成的食譜。
請備妥最基本的工具及想要製作的點心烤模吧！

基本工具

1 粉篩使用不鏽鋼產品能讓製作流暢方便。也可以使用比較傳統的木框款式。
2 打蛋器推薦鋼條數較多的款式。能在混合時充分打入空氣，作出蓬鬆的麵糊。
3 可徹底刮取調理盆中的麵糊是橡皮刮刀的優點，也可於攪拌奶油時使用。
4 調理盆無論是不鏽鋼材質或是玻璃材質皆可，選擇較深的款式，粉類不容易飛散，且較容易混合麵團。

基本烤模

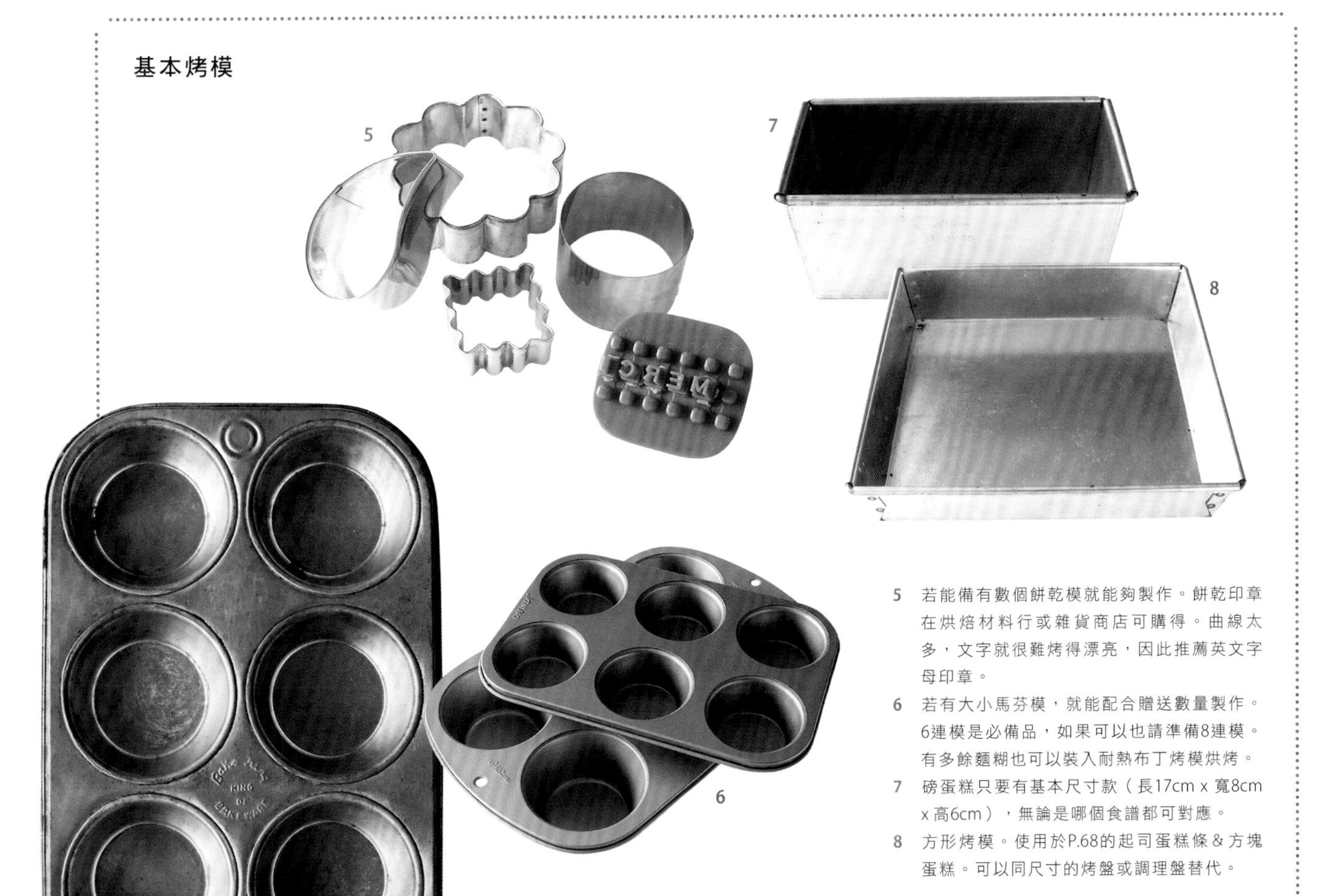

5 若能備有數個餅乾模就能夠製作。餅乾印章在烘焙材料行或雜貨商店可購得。曲線太多，文字就很難烤得漂亮，因此推薦英文字母印章。
6 若有大小馬芬模，就能配合贈送數量製作。6連模是必備品，如果可以也請準備8連模。有多餘麵糊也可以裝入耐熱布丁烤模烘烤。
7 磅蛋糕只要有基本尺寸款（長17cm x 寬8cm x 高6cm），無論是哪個食譜都可對應。
8 方形烤模。使用於P.68的起司蛋糕條＆方塊蛋糕。可以同尺寸的烤盤或調理盤替代。

烘焙良品 74

送你的甜蜜蜜烘焙禮

輕鬆親手作好味餅乾·馬芬·磅蛋糕

作　　　者／坂田 阿希子
譯　　　者／周欣芃
發　行　人／詹慶和
總　編　輯／蔡麗玲
執 行 編 輯／李佳穎
編　　　輯／蔡毓玲・劉蕙寧・黃璟安・陳姿伶・李宛真
封 面 設 計／韓欣恬
美 術 編 輯／陳麗娜・周盈汝
內 頁 排 版／鯨魚工作室
出　版　者／良品文化館
郵政劃撥帳號／18225950
戶　　　名／雅書堂文化事業有限公司
地　　　址／220新北市板橋區板新路206號3樓
電 子 信 箱／elegant.books@msa.hinet.net
電　　　話／(02)8952-4078
傳　　　真／(02)8952-4084

2018年4月初版一刷　定價 300元

經　　銷／易可數位行銷股份有限公司
地　　址／新北市新店區寶橋路235巷6弄3號5樓
電　　話／(02)8911-0825
傳　　真／(02)8911-0801

國家圖書館出版品預行編目(CIP)資料

送你的甜蜜蜜烘焙禮：輕鬆親手作好味餅乾・馬芬・磅蛋糕/ 坂田 阿希子著；周欣芃譯.
-- 初版. -- 新北市：良品文化館, 2018.04
面；　公分. -- (烘焙良品；74)
ISBN 978-986-95927-5-8 (平裝)

1.點心食譜

427.16　　107003582

staff

攝　　　影／澤木央子
造　　　型／澤入美佳
藝術總監・設計／吉井茂活（MOKA STORE）
料 理 助 理／加藤洋子、鈴木夏美、峯岸智子、溝渕真美奈
採　　　訪／松田由紀
校　　　對／滄流社
編　　　輯／青木英衣子

Cookies
Muffins
Pound Cakes
For
Gifts

Cookies
Muffins
Pound Cakes
For
Gifts

Cookies
Muffins
Pound Cakes
For
Gifts